BEI GRIN MACHT SICH IHR WISSEN BEZAHLT

- Wir veröffentlichen Ihre Hausarbeit, Bachelor- und Masterarbeit

- Ihr eigenes eBook und Buch - weltweit in allen wichtigen Shops

- Verdienen Sie an jedem Verkauf

Jetzt bei www.GRIN.com hochladen und kostenlos publizieren

Berichterstattung über Beschuldigte eines Strafverfahrens. Individualisierende Berichterstattung über Personen des öffentlichen Lebens

Moritz Wilken

Bibliografische Information der Deutschen Nationalbibliothek:

Die Deutsche Nationalbibliothek verzeichnet diese Publikation in der Deutschen Nationalbibliografie; detaillierte bibliografische Daten sind im Internet über http://dnb.d-nb.de abrufbar.

ISBN: 9783346726506
Dieses Buch ist auch als E-Book erhältlich.

Das Buch bei GRIN: https://www.grin.com/document/1275748

Institut für Kommunikationswissenschaft

Westfälische Wilhelms-Universität Münster

Sommersemester 2022

Einführungsmodul

Tutorium „Einführung in die Kommunikationswissenschaft II"

Die Berichterstattung über Beschuldigte eines Strafverfahrens

Eine Untersuchung des Zusammenhangs zwischen der individualisierenden Berichterstattung zum Fall Jörg Kachelmann und einer anschließenden Vorverurteilung dessen Person in der Öffentlichkeit

Osnabrück, den 27. Juni. 2022

Zweifach-Bachelor

2. Fachsemester

Inhaltsverzeichnis:

1. Einleitung 1

2. Berichterstattung von Strafverfahren und Wahrnehmung in der Öffentlichkeit 2

    2. 1. Individualisierende Berichterstattung von Beschuldigten eines Strafverfahrens 2

    2. 2. Definition des Begriffs der öffentlichen Vorverurteilung 4

3. Der Wirkungszusammenhang zwischen Berichtserstattung und öffentlicher ....

    Vorverurteilung 5

    3. 1. Der Fall Jörg Kachelmann und Claudia Dinkel ....…...5

    3. 2. Die Berichterstattung zum Fall Kachelmann ....…...7

4. Analyse der Zusammenhänge von individualisierender Berichterstattung und öffentlicher

Vorverurteilung im Fall Kachelmann ....…..……8

5. Fazit und Ausblick ....…..……10

6. Literaturverzeichnis ....…..…12

1. Einleitung

Während Prominenz in der Zeit vor der zweiten Hälfte des 21. Jahrhunderts noch als ein „randständiges soziales Phänomen" (Schierl, 2007, S. 7) betrachtet wurde, spielen prominente Persönlichkeiten sowie die Berichterstattung über diese eine bedeutsame Rolle in der heutigen Medienlandschaft (Schierl, 2007). Mehr als deutlich wird dies zum Beispiel an den Mitteilungen über die Trennung der deutschen Webvideoproduzenten und Unternehmer Bianca Heinicke und Julian Claßen, die vor Kurzem in sämtlichen Medien und sozialen Plattformen thematisiert wurde (Lottritz, 2022). Jene Personen des öffentlichen Lebens sind sich sowohl der medialen Thematisierung als auch der Aufmerksamkeit und die dadurch erzeugte Wahrnehmung ihrer Person seitens der Öffentlichkeit mehr als bewusst (Wippersberg, 2007), da allein für die bloße Entstehung und Aufrechterhaltung ihrer Prominenz eine „[…] kollektive Aufmerksamkeit von gesellschaftlichen Gruppen oder ganzen Gesellschaften, die „[…] durch Medien erzeugt wird, nötig […]" (Rötzer, 1996, zitiert nach Wippersberg, 2007, S. 129) gewesen ist.

Doch zu welchen Reaktionen und langfristigen Folgen kommt es, wenn wie im Gerichtsprozess der US-amerikanischen SchauspielerInnen Amber Heard und Johny Depp, der seine ehemalige Lebensgefährtin nach von ihr in der Öffentlichkeit ausgesprochenen Vorwürfen der häuslichen Gewalt wegen Verleumdung anklagen und verurteilen ließ (o. V., 2022), Filmaufzeichnungen über das Verfahren im Gerichtssaal weltweit abrufbar sind? Medienunternehmen sind sich bei ihren Berichterstattungen über prominente Persönlichkeiten in Verbindung mit Straftaten oder anderen, äußerst negativen Umständen, darüber im Klaren, dass das Erfüllen des Zuschauer- und Leserbedürfnisses einerseits nach Unterhaltung und andererseits nach Dramatik hierbei vereint werden kann (Hörisch, 2007).

Auch hierzulande ließ sich in den vergangenen Jahrzehnten eine zunehmend verstärkte Nachrichtenberichterstattung bezüglich der Aktivitäten und des Privatlebens von Prominenten sowie über Gewaltverbrechen – insbesondere, wenn sie als äußerst „unmoralisches Verhalten" (Polednik & Rieppel, 2011, S. 246) eingestuft werden - beobachten (McChesney, 2004). Gegenstand der vorliegenden Arbeit soll der Fall des ehemaligen landesweit sehr bekannten Wettermoderators Jörg Kachelmann sein, der nach einem über ein Jahr andauernden Ermittlungs- und Strafverfahren 2011 rechtskräftig vom Vorwurf der Vergewaltigung in Einheit mit gefährlicher Körperverletzung freigesprochen wurde (Arnold, 2019). Hervorzuheben ist hierbei die Tatsache, dass die individualisierende Berichterstattung um Kachelmann und die anzeigeerstattende Radiomoderatorin Claudia Dinkel bereits nach äußerst kurzer Zeit und trotz fehlender Anklage oder Verurteilung zu einem medialen Echo und öffentlichen Reaktionen führte (Polednik & Rieppel, 2011).

Das Strafverfahren und der letztendliche Gerichtsprozess, währenddessen Kachelmann bereits in Untersuchungshaft saß, fand über einen ungewöhnlich langen Zeitraum statt und unterlag immer wieder plötzlichen einkehrenden Wendungen (Willenberg, 2011). Bereits während des Verfahrens und der kontinuierlich anhaltenden Berichterstattung entwickelte sich die Vermutung, dass Justiz und Öffentlichkeit bezüglich der Wahrheitsfindung und Urteilsfällung durch tendenzielle Medienmitteilungen bereits vorbeeinflusst gewesen waren (Willenberg, 2011).

Hieraus ergibt sich die Forschungsfrage für die vorliegende Arbeit: Existiert eine Verknüpfung zwischen der individualisierenden Berichterstattung von Jörg Kachelmann und einer anschließend auftretenden öffentlichen Vorverurteilung seiner Person?

Um diese Frage abschließend beantworten zu können, wird im Verlauf dieser Hausarbeit zuerst die individualisierende Berichterstattung von Beschuldigten eines Strafverfahrens erläutert, bevor anschließend der Begriff der öffentlichen Vorverurteilung umfassend definiert wird. Des weiteren soll eine Skizzierung der Berichterstattung um den Angeklagten und die Anzeigeerstatterin angefertigt werden, nachdem der Ablauf der Ereignisse und Umstände zwischen Jörg Kachelmann und Claudia Dinkel wiedergegeben wird. Schlussendlich soll unter Einbezug und Erörterung verschiedener im Nachhinein entstandener Auswertungen zu dem Fall eine Erklärung zum möglichen Wirkungszusammenhang gegeben werden.

2. Berichterstattung von Strafverfahren und Wahrnehmung in der Öffentlichkeit

2.1. Individualisierende Berichterstattung von Beschuldigten eines Strafverfahrens

Eine fundamentale Säule für unsere Rechtsordnung ist das Verständnis seitens der Öffentlichkeit (Gerhardt, 2010). Der auf Medienrecht spezialisierte Rechtsanwalt Lehr sieht Medien hierbei „in einer Schlüsselposition" (Lehr, 2001, S. 63), da die Bevölkerung erst mittels dieser über Ermittlungs- und Strafverfahren in Kenntnis gesetzt wird (Lehr, 2001).

Medienunternehmen bedienen sich jedoch unterschiedlicher Berichterstattungsvarianten, wobei die individualisierende deutlich von der anonymisierten Mitteilungsform zu unterscheiden ist (Lehr, 2001). Erstere ist dadurch gekennzeichnet, dass sie bereits mit dem Beginn eines Ermittlungsverfahrens einsetzt und Name oder Foto sowie andere personenbezogene Daten wie die berufliche Position oder sonstige Auffälligkeiten veröffentlicht (Lehr, 2001). Von der individualisierenden Berichterstattung ist zu erwarten, dass sie einen größeren Radius innerhalb der Bevölkerung erreicht, da Meldungen, die in Verbindung mit der Nennung einer Identität stehen, aufgrund ihres Spannungscharakters tendenziell stärker im Gedächtnis verbleiben (Danziger, 2009).

JournalistInnen, die sich für Schicksalsschläge und Persönlichkeitsentwicklungen, welche die beschuldigte Person zu einer mutmaßlichen Straftat veranlasst haben könnten, interessieren, berufen sich auf die Kommunikationsfreiheit, die als Grundgerüst für die Meinungs-, Presse-, Rundfunk- und Filmfreiheit zu betrachten ist (Hamm, 2007). Diese stützt sich auf das in Art. 5 GG Abs.1 verankerte Grundrecht auf Pressefreiheit, welches jeder Person das Recht verleiht, sich aus allgemein zugänglichen Quellen Informationen zu beschaffen (Satz 1), die Freiheit der Presse und Berichterstattung durch Rundfunk und Film wahrt (Satz 2) und eine Zensur für zuvor genanntes ausschließt (Satz 3). Auch in § 3 des Landespressegesetzes heißt es, dass Kritik an Umständen und Vorgängen geäußert und „[…] subjektiv wertenden Kommentaren von Journalisten […]" (Weimann, 2006, S. 26), die „[…] von bloßer Sachstrenge abweichen […] (Weimann, 2006, S. 26), Raum gegeben werden darf. Außerdem ist das Anfertigen von Film- oder Bildaufnahmen von Angeklagten und Tatopfern z. B. vor oder nach einer strafrechtlichen Hauptverhandlung, Urteilsverkündung etc. erlaubt (Hamm, 2007).

Nichtsdestotrotz existieren Anforderungen, die es auch bei einer individualisierenden Berichterstattung einzuhalten gilt (Haarmann, 2012). Der Presserat (2022, Ziffer 1) gibt eindeutig vor: „Die Achtung vor der Wahrheit, die Wahrung der Menschenwürde und die wahrhaftige Unterrichtung der Öffentlichkeit sind oberste Gebote der Presse." Außerdem ist der § 201a StGB, durch den das unerlaubte Anfertigen und Verbreiten von Bildern aus dem Privatleben strafrechtlich normiert wird, für JournalistInnen und RedakteurInnen von äußerst hoher Priorität (Weigend, 2007).

Medienunternehmen sind sowohl bei anonymisierter als auch individualisierender Berichterstattung von einer außergewöhnlichen Recherchepflicht betroffen; insbesondere, wenn es um eine Verdachtsberichterstattung im Rahmen eines Ermittlungs- oder Strafverfahrens geht (Haarmann, 2012). Den Ursprung und Wahrheitsgehalt von Behauptungen gilt es zu untersuchen, während fremde Rechercheauswertungen und Aussagen der anzeigenden Person oder aus anonymen Quellen nur dann verwendet werden dürfen, wenn Erstere aus anerkannten Nachrichtenagenturen stammen und Letzteren durch Auskünfte der Justizbehörden eine Validität zugesprochen werden kann (Haarmann, 2012). „Verbleibt eine ungewisse Sachlage bzw. eine überwiegende Gefahr einer fehlerhaften Berichterstattung, ist eine Veröffentlichung des Verdachts wegen fehlender Hinweise auf dessen Begründetheit unzulässig" (Haarmann, 2012, S. 128).

Nicht nur innerhalb des Gerichtssaals, sondern auch in einer Pressemitteilung darf die beschuldigte Person nur als „verdächtig" und ihre noch nicht bewiesene Täterschaft als „mutmaßlich" betitelt werden, damit der Leserschaft deutlich wird, dass es sich um ein schwebendes Verfahren ohne eine bereits verkündete Verurteilung handelt (Haarmann, 2012). Lendl (2012) betont die Wahrung des Persönlichkeitsschutzes in Form dessen, dass stetig von einer Unschuldsvermutung auszugehen ist und ein Schutz vor verbotenen Veröffentlichungen gewährleistet werden muss. Anzumerken ist hierbei jedoch, dass seitens der Ermittlungs- und Justizbehörde eine stetige Auskunftspflicht herrscht; selbst, wenn ein/e JournalistIn anhand der Nennung eines konkreten Namens den Zusammenhang zwischen Person und erhobenen Tatvorwurf erfragt (Weimann, 2006).

Hinsichtlich der Abwägung der sich beide im Grundgesetz gegenüberstehenden Artikel von Kommunikationsfreiheit und Wahrung der Menschenwürde gibt Hamm (2007, S. 124) eine einschlägige Vorgabe, welches der beiden Grundrechte aus ethischer Sicht als höherrangig anzusehen ist:

> „[…] die Unantastbarkeit der Menschenwürde verträgt überhaupt keine Abwägung gegen das Grundrecht auf Meinungs- und Pressefreiheit, weil es nämlich als absolut zu schützendes Ur-Grundrecht in Art. 1 GG als gegenüber allen anderen Grundrechten höherrangig von der Verfassung eingestuft wird."

Infolgedessen entwickelt sich die Frage, ob die individualisierende Form der Berichterstattung im Gegensatz zu der anonymisierten zu einer größeren Beeinträchtigung für die beschuldigte Person führen kann und was unter einer öffentlichen Vorverurteilung zu verstehen ist.

2.2. Definition des Begriffs der öffentlichen Vorverurteilung

Die zur allgemeinen Abschreckung bestimmte Generalprävention kann ihren Zweck nur mittels einer Wahrnehmung und Akzeptanz seitens der Öffentlichkeit erfüllen (Hamm, 2007). Die im Rahmen eines Strafverfahrens stattfindenden Hauptverhandlungen werden deswegen und mit dem „Ziel der basisdemokratischen Kontrolle" (Hamm, 2007, S. 15) öffentlich abgehalten. Boehme-Neßler (2010, S. 9) entwirft das Bild einer „leicht erregbaren, hoch emotionalen und manipulierbaren Öffentlichkeit", deren ausgeprägtes Bedürfnis nach Bestrafung von mutmaßlichen TäterInnen in Verdacht steht, auch JuristInnen und RechtspolitikerInnen zu einem strikteren Durchgreifen in besagten Fällen zu verleiten (Weimann, 2006). RichterInnen, StaatsanwältInnen, VerteidigerInnen etc. sind ebenso als Bestandteil der Öffentlichkeit zu betrachten, da sie sich dem Einfluss des durch die öffentliche Meinung entstanden Drucks nicht entziehen können (Gerhardt, 2010) und während ihrer juristischen Ausbildung keinerlei Schulung bezüglich der Auswirkungen von öffentlichen Erwartungshaltungen auf Unterbewusstsein und Wahrnehmung durchlaufen (Haarmann, 2012). Von Coelln (2005, S. 214) argumentiert andererseits, dass bei RichterInnen etc. „[…] aufgrund ihrer Profession von einer grundlegenden Fähigkeit zur Resistenz gegen Beeinflussungsversuche und öffentliche Erwartungshaltungen auszugehen sei."

Seitens der Öffentlichkeit aufkommende Tendenzen zu einer Vorverurteilung sind als besonders große Gefahr für die Unschuldsvermutung, die als Bestandteil des allgemeinen Persönlichkeitsrechts sowie des zentralen Verfahrensgrundsatzes gelten, einzustufen (Danziger, 2009). Oft entfalten öffentliche Vorverurteilungen eine „[…] Eigendynamik, über die die Betroffenen in der Regel kaum noch Kontrolle ausüben können […]" (Daschmann, 2008, S. 193) und in erster Linie die „dunklen Geheimnisse von Stars, Promimenten und Autoritäten" (Willems, 1998, S. 23) in den Vordergrund stellen. Die Gefahr einer vorzeitig einsetzenden Stigmatisierung der beschuldigten Person ist besonders bei schweren Straftaten zu befürchten und kann trotz und über eine Verfahrenseinstellung oder richterlichen Freispruch hinfort bestehen (Haeseler, 1981). Aus diesem Grund ist die öffentliche Vorverurteilung bei schweren Sexualstraftatdelikten als „schwerwiegendste Beeinträchtigung" (Haarmann, 2012, S. 42), einzustufen (Haeseler, 1981). Veranschaulicht werden kann dies auch am Fall um den SPD-Bundestagsabgeordneten Christian Edathy, dem der Besitz von kinderpornographischem Material vorgeworfen wurde. Dieser sah sich als Folge mit wiederholten Morddrohungen oder Beleidigungen konfrontiert (Rother, 2016).

3. Der Wirkungszusammenhang zwischen Berichtserstattung und öffentlicher Vorverurteilung

3.1. Der Fall Jörg Kachelmann und Claudia Dinkel

Jörg Kachelmann ist ein ehemaliger Moderator des ARD-Frühstückfernsehens und Wetterberichts bei der Tagesschau, zwei sehr bekannter deutscher Fernsehformate (Polednik & Riepel, 2011). Popularität gewann er zuvor durch das Vorhersagen eines vom Deutschen Wetterdienst übersehenen Orkans und seiner von Humor geprägten Art der Schilderung aktueller Wetterumschwünge (Polednik & Riepel, 2011).

Am 20. März 2010 ereignete sich nach der Rückkehr Kachelmanns von den Olympischen Spielen im Kanada liegenden Vancouvers am Frankfurter Flughafen dessen Verhaftung (Knapp, 2011). Grund hierfür war der Verdacht einer Vergewaltigung mit gefährlicher Körperverletzung, nachdem die deutsche Radiomoderatorin Claudia Dinkel, mit der Kachelmann eine jahrelange Liebschaft führte, zur Anzeige gebracht hatte, sie sei 5 Wochen zuvor während des letzten Aufeinandertreffens in deren Wohnung von ihm, während er ihr ein Küchenmesser an den Hals drückte, vergewaltigt worden (Polednik & Riepel, 2011). Die direkte Festnahme und Anordnung einer Untersuchungshaft stütze sich auf eine potenzielle Fluchtgefahr Kachelmanns, da dieser die Schweizer Staatsbürgerschaft besaß und über einen dortigen Wohnsitz sowie familiäre Bezugspunkte nach Kanada verfügte (Polednik & Riepel, 2011). Am 17. Mai desselben Jahres erhob die Mannheimer Staatanwaltschaft Anklage, woraufhin das Landgericht am 9. Juli ein Hauptverfahren gegen Kachelmann eröffnete (Polednik & Riepel, 2011).

Die Glaubwürdigkeit der von Dinkel getätigten Aussagen und Schilderungen des vermeintlichen Tathergangs konnte im Rahmen kriminaltechnischer und rechtsmedizinischer Untersuchungen sowie aussagepsychologischen Gutachten bis zu diesem Zeitpunkt „noch nicht endgültig fertiggestellt" (Polednik & Riepel, 2011, S. 27) werden. Parallel hierzu fanden Zeugenvernehmungen von nahezu einen Dutzend anderen Frauen statt, zu denen Kachelmann in der Vergangenheit ebenfalls und teilweise zu gleichen Zeitpunkten ein Verhältnis unterhielt (Polednik & Riepel, 2011). Bemerkenswert ist hierbei, dass der Großteil der Frauen den Kontakt zu Kachelmann zuvor als unauffällig und stets einvernehmlich sowie respektvoll beschrieb, in der Vernehmung jedoch plötzlich dazu tendierte, seinen Charakter mit niedrigen Beweggründen zu assoziieren und die Begehung einer schweren Straftat sogar als nicht ausschließbar zu empfinden (Polednik & Riepel, 2011). Hinsichtlich der bis dato immer noch mangelnden Glaubwürdigkeit des mutmaßlichen Opfers ist es außerdem ungewöhnlich, dass eine beschuldigte Person trotz dessen bis zum Zeitpunkt der Eröffnung des Hauptverfahrens immer noch in Untersuchungshaft gehalten wurde (Polednik & Riepel, 2011). Im Juli 2010 gelangte man nach Einbezug weiterer Auswertungen durch andere PsychiaterInnen zu der Erkenntnis, dass die Schilderungen Dinkels „[…] nicht den Mindestanforderungen an logischer Konsistenz, Detaillierung und Konstanz […]" (Polednik & Riepel, 2011, S. 229) entsprachen und somit keine hinreichende Zuverlässigkeit der Glaubwürdigkeit gegeben war. Es erschien schlussendlich wesentlich wahrscheinlicher, dass das mutmaßliche Opfer sich die Verletzungen selbst zugefügt hatte und aufgrund des plötzlichen Trennungswunsches seitens des Beschuldigten Rachegelüste gegen diesen hegte (Polednik & Riepel, 2011). Ende Juli wurde Kachelmann schließlich aus der Untersuchungshaft entlassen, da an seiner Glaubwürdigkeit der Schilderungen nicht mehr gezweifelt wurde, während Dinkel sich immer mehr in widerspruchbehaftete Aussagen verstrickte (Polednik & Riepel, 2011). Anzumerken ist, dass Kachelmanns Verteidiger Birkenstock einen Befangenheitsantrag gegen den Richter stellte, da dieser bei der Verfahrenseröffnung Dinkel bereits als „Opfer" statt „mutmaßliches Opfer" bezeichnete (Willenberg, 2011).

Am 31. Mai 2011 wurde Kachelmann rechtskräftig freigesprochen, während gegen Dinkel mit Verzögerung ein Ermittlungsverfahren wegen vermeintlicher Falschbeschuldigung sowie vorsätzlicher Freiheitsberaubung eingeleitet wurde (Polednik & Riepel).

3.2. Die Berichterstattung zum Fall Kachelmann

Nachdem ein Reporter der Bild-Zeitung sich bei dem Gefängnisdirektor nach Kachelmanns Verhaftung und Aufenthalt in der Mannheimer Justizvollzugsanstalt erkundigte und von diesem bestätigt bekommen hatte, setzte drei Tage nach der Festnahme Kachelmanns auch die Berichterstattung über die Ereignisse ein (Polednik & Riepel, 2011). Sämtliche Medienunternehmen knüpften unverzüglich an, indem sie Mitteilungen der auf dem Vorwurf der Vergewaltigung basierenden Verhaftung auf den Titel- oder Folgeseiten platzierten (Polednik & Riepel, 2011). Die Zeitschriften Bunte, Spiegel, Welt und Stern veröffentlichten nach einem Austausch mit Dinkel nicht nur deren Identität sowie personenbezogene Daten wie den Namen des ihr Arbeit gebenden Radio-senders, sondern auch detaillierte Angaben zu den Frauen, mit denen Kachelmann ebenfalls Kurzzeitbeziehungen oder Liebschaften unterhielt (Polednik & Riepel, 2011). Bunte bot einer dieser Frauen im Gegenzug für Schilderungen von zwischenmenschlichen Erfahrungen mit Kachelmann ein Honorar von fünfzigtausend Euro (Polednik & Riepel, 2011). Hierdurch kam es zum Beispiel zu einer intensiven Thematisierung und Diskussion von Praktiken innerhalb Kachelmanns Sexuallebens (Polednik & Riepel, 2011). Diese wurden einseitig, lediglich aus der Sicht der Frauen erfolgend und ohne eine Möglichkeit der gegenstellenden Bezugnahme seitens Kachelmanns geschildert (Polednik & Riepel, 2011). Die AnwältInnen Kachelmanns gingen gegen zahlreiche dieser Veröffentlichungen vor, „[…] waren aber letztlich gegen die Flut der privaten Enthüllungen machtlos […]" (Polednik & Riepel, 2011, S. 226). Bild und Bunte veröffentlichten beide einen Artikel mit der Überschrift „Kann man sich in einem Menschen so täuschen?" und verstießen hiermit ebenfalls gegen Ziffer 1 und 13 des Pressekodexes, der eine vorurteilsfreie und die Unschuldsvermutung wahrende Berichterstattung vorschreibt (Willenberg, 2011).

Insbesondere die Bild-Zeitung verletzte zahlreiche Persönlichkeitsrechte, indem sie nicht nur Inhalte über das Privatleben, die in keinem Bezug zum Gegenstand des Strafverfahrens standen, sondern darüber hinaus auch Bilder des Beschuldigten während des Hofganges in der Justizvollzugsanstalt veröffentlichten (Kirchberg, 2016). Kachelmann erwirkte im Nachhinein, jedoch mit deutlichem Abstand zum Zeitpunkt der Freilassung aus der Untersuchungshaft, mehr als 90 einstweilige Verfügungen gegen Medienberichte von Focus Magazin, Bild digital, Bunte Entertainment, Axel Springer, Ullstein, Tomorrow Focus, RTL Television und Claudia Dinkel selbst, nachdem unzählige Angaben zu Gesundheitszuständen, Sexualität, Falschbehauptungen, Fotos vom Hofgang oder Aufenthalten vor Anwaltskanzleien veröffentlicht worden waren (Kachelmann & Kachelmann, 2012).

4. Analyse der Zusammenhänge von individualisierender Berichterstattung und öffentlicher Vorverurteilung im Fall Kachelmann

In der Fachliteratur wird die Medienberichterstattung zum Fall Kachelmann als Präzedenzfall herangezogen, um die Auswirkungen der individualisierenden Verdachtsberichterstattung auf

Teile der Öffentlichkeit wie Leserschaft, Justizinstitution, ZeugInnen, mutmaßliche/n TäterInnen sowie Angehörige zu erörtern (Arnold, 2019).

Das öffentliche Interesse am Fall Kachelmann stieg von Beginn bereits so rapide an, da die Berichterstattung nicht nur personalisierend, sondern auch instrumentalisierend stattfand (Arnold, 2019). Das Unternehmen Bunte tendierte in seinen Mitteilungen zu Enthüllungen über das Privatleben Kachelmanns, welches als ein auf Intrigen und Vertrauensmissbrauch aufbauenden „Beziehungsuniversum an Geliebten und Freundinnen" (Polednik & Riepel, 2011, S. 221) deklariert wurde.

Die Präsentation seines in Bezug auf dessen Liebesleben vermeintlich zwielichtigen Charakters verfolgte die Absicht, auch Aufschluss über seine Schuldfähigkeit zu geben (Polednik & Riepel, 2011). Allein diese Instrumentalisierung seiner Lebensumstände, nur um den Personenkreis der Leserschaft ausweiten zu können, stellt einen Verstoß gegen die Wahrung der Menschenwürde aus Art. 1 Abs. 1 GG dar (Haarmann, 2012). Der Inhalt der von Bunte mit den Frauen durchgeführten Interviews wurde vor dessen Veröffentlichung weder auf seinen Wahrheitsgehalt geprüft, noch reflektierte man die Relevanz des Privatlebens für den eigentlichen Tatvorwurf. Da hier anstelle einer bewertungsfreien Darstellung eine Moralisierung und Wertladung des Privatlebens Kachelmanns bevorzugt wurde, fand eine deutliche Klassifizierung seiner Rolle als moralisch verwerflich und äußerst negativ statt (Meyer, Ontrup & Schicha, 2000). Auch der Sensationalismus, mit dem zum Beispiel das Unternehmen Bild berichtete, führte mit seiner emotionalen, plakativen und vereinfachenden Mitteilungsform („Kann man sich in einem Menschen so täuschen?") nicht nur zu einem unsachlichen Distanzverlust, sondern auch zu einer Verzerrung der eigentlichen Debatte (Dulinski, 2003). Diese Art von Problematisierung und Skandalisierung zugleich ist aus medienwissenschaftlicher Perspektive als Inszenierungsstrategie zu betrachten, bei der das eigentliche Thema in einen größeren Wertezusammenhang eingebettet wird und eine normative Aufladung erhält (Danziger, 2009). Kachelmann wurde mitsamt seiner Verhaltens- und Lebensweise somit als ein grundsätzlich gegen Normen verstoßender und zu Täuschungen neigender Mensch präsentiert. Darüber hinaus wurde durch die Preisgabe von Vorlieben und Praktiken innerhalb seines Sexuallebens eine Debatte um Moralvorstellungen zwischen Männern und Frauen sowie dem zwischengeschlechtlichen Machtgefälle angekurbelt (Polednik & Riepel, 2011). Kachelmann beschrieb später, dass er sich während des gesamten Verfahrens den „permanenten Schmähungen der Bild-Zeitung" (Arnold, 2019, S. 14) ausgeliefert sah und dadurch einer „tiefgehenden und quasi existenzvernichtenden Vorverurteilung" (Arnold, 2019, S. 14) unterlag.

Die zu starken Personalisierungen und Übertreibungen neigende Berichterstattung der Bild-Zeitung führt außerdem zu einer Verfremdung der kriminellen Wirklichkeit, indem durch diese sensationelle Aufmachung Sexualstraftaten als eine gesellschaftliche Ausnahmeerscheinung präsentiert werden und die Klassifikation der mutmaßlichen TäterInnen nach Nationalität, psychischer Verfassung sowie Prominenz von der Tatsache hinwegführt, dass zwischenmenschliche Gewalt überwiegend von ersten Bezugspersonen in Partnerschaften oder Familien begangen wird (Geisel, 1995). Da Auswertungen zufolge das Bildungsniveau der Bild-LeserInnen als unterdurchschnittlich einzuordnen ist, lässt sich daran zweifeln, dass die Leserschaft die mangelnde Faktengenauigkeit der Boulevardmedien stets kritisch hinterfragt (McChesney, 2004).

Durch die Enthüllungen des Privatleben Kachelmanns sowie der Befragungen der ehemaligen Geliebten assoziierte Bunte das gesellschaftliche Problem des zwischengeschlechtlichen Machtgefälles und schließlich auch der sexualisierten Gewalt mit ihm als Person (Arnold, 2019). Hierdurch wurde der Leserschaft ein besserer Angriffspunkt und die Möglichkeit der Identifizierung und Schuldzuweisung geboten (Danziger, 2009).

Darüber hinaus hatte die mediale Vorverurteilung auch direkten Einfluss auf das Gerichtsverfahren mitsamt seiner Beteiligten. Hamm (2007, S. 20) argumentiert, dass das Publikumsinteresse RichterInnen und ZeugInnen beeinflussen und somit die „[…] wichtigste richterliche Eigenschaft, nämlich die der Unbefangenheit und Neutralität […]" gefährden kann. Bunte bot den ZeugInnen nicht nur immense Summen an Honoraren, sondern gab ihnen auch die Möglichkeit, den Mann, durch den sie Enttäuschungserfahrungen erleben mussten, öffentlich anzuprangern (Polednik & Riepel, 2011). Die Aussicht auf Vergütung sowie die Tatsache, sich im Blickpunkt des öffentlichen Interesses zu befinden, kann ZeugInnen zu übertriebenen oder gar inhaltlich falschen Aussagen verleiten (Haarmann, 2012). Eine Vielzahl ehemaliger Partnerinnen von Kachelmann äußerte in den Interviews Vermutungen und Annahmen über seine Persönlichkeit und das Ausmaß an Gewaltbereitschaft, die sie vor der Kenntnisnahme des Tatvorwurfs sowie der Aufdeckungen der anderen existierenden Frauen nicht wiedergegeben hatten (Polednik & Riepel, 2011). Jede dieser Frauen wurde ausnahmslos als Zeugin und sogar noch vor dem mutmaßlichen Opfer im Hauptverfahren angehört, um ein umfassendes Erscheinungsbild von Kachelmann zu skizzieren (Polednik & Riepel, 2011). Die gezahlten Honorare sowie das vorherige Herantreten an die Öffentlichkeit entfachte eine besondere Drucksituation für die ZeugInnen, sodass aus Angst vor dem Vorwurf der Unglaubwürdigkeit von einer bereits im Interview getätigten Aussage nicht mehr abgewichen werden konnte (Wagner, 1987).

Äußerst problematisch und durchaus ausschlaggebend für die öffentliche Vorverurteilung ist auch die starke Abnahme der Berichterstattung im Laufe des Verfahrens und der sich herauskristallisierten Unschuld Kachelmanns. Während zu Beginn intensiviert über die Ermittlungen sowie das Verfahren berichtet wurde, schwand das Interesse deutlich mit den Wendungen im

Prozess sowie dem letztendlichen Freispruch. Ein nicht unerheblich großer Teil der Leserschaft, der die ursprünglichen Meldungen rezipierte, nahm möglicherweise also nie zur Kenntnis, dass Kachelmann freigesprochen wurde (Boehme-Neßler, 2010).

4. Fazit und Ausblick

Zuletzt soll noch einmal auf die am Anfang dieser Hausarbeit aufgestellte Forschungsfrage eingegangen werden. Anhand des Beispiels von der Berichterstattung zum Fall Kachelmann lässt sich abschließend sagen, dass es einer multiperspektivistischen Betrachtung bedarf, um Zusammenhänge einer individualisierenden Berichterstattung von Beschuldigten eines Strafverfahrens und anschließend auftretender Tendenz zu einer öffentlichen Vorverurteilung bestätigen zu können. Ausschlaggebend dafür, dass die Verdachtsberichterstattung zu Kachelmann eine öffentliche Vorverurteilung trotz nicht ausreichend bewiesener Täterschaft sowie eines letztendlichen Freispruchs bewirkt hat, sind nicht nur die unmittelbare Veröffentlichung seiner Identität und des Tatvorwurfs, sondern auch die formal-gestalterischen und semantischen Darstellungsweisen, denen sich die Medienunternehmen bedienten.

Die Inhalte der Veröffentlichungen variieren in ihren normativen Aufladungen, Assoziierungen mit gesellschaftlichen Themen und existierenden Relevanz für den eigentlichen Verfahrensgegenstand teilweise enorm, da sich populäre Unternehmen wie Bunte oder Bild als eine Contra-Kachelmann-Fraktion positionierten, während andere Berichterstatter neutrale Darstellungsweisen, die nicht mit den Persönlichkeitsrechten Kachelmanns kollidierten, bevorzugten. Der Ausschluss der Öffentlichkeit sowie das Auslassen der Unterrichtung bezüglich aktueller mutmaßlicher Strafgeschehnisse würde die im Grundgesetz normierte Kommunikationsfreiheit als auch die Wahrung des Rechtsstaatlichkeitsprinzip zweifelsfrei einschränken. Jedoch bedarf es hinsichtlich des im Raum stehenden Vorwurfs von schweren Straftaten einer äußerst sensiblen, neutralen sowie sachlichen Berichterstattung, um die Persönlichkeitsrechte sowie die vom Presserat vorgeschriebene vorurteilsfreie, wahrheitsgetreue und Menschenwürde wahrende Darstellung nicht zu gefährden.

Im Fall von Jörg Kachelmann wurden seitens führender Leitmedien jedoch gravierende Verstöße begangen, deren Wirkungsausmaß bei einer intensiven Handlungsreflexion hätte vorhergesehen werden können. Die distanzlose, realitätsverzerrende und sämtliche Details seines Privatlebens thematisierende Berichterstattung lässt sich eindeutig als eine mediale Vorverurteilung einordnen, da es hierbei nicht primär um eine sachliche Informierung der Leserschaft über die Verhaftung Kachelmanns sowie die ihm vorgeworfene Tat ging, sondern um eine plakative und sensationelle Aufmachung, mit dem Ziel einen höchstmöglichen Radius an interessierten

KonsumentInnen zu gewinnen. Die Person und das Leben Kachelmanns ist nicht nur Inhalt dieser Veröffentlichung, sondern auch das Instrument eines zu erfüllenden Zwecks.

Eine vorverurteilende Berichterstattung dieser Art kann jedoch nicht wahrheitsgemäß sein, da die Wahrheitsfindung und Schuldfähigkeit nicht seitens der Medien, sondern von zuständigen Gerichten erfragt und bewiesen wird. Hier jedoch nahm die Vorverurteilungskampagne auch einen direkten Einfluss auf das Gerichtsverfahren sowie dessen TeilnehmerInnen. Die interviewten Partnerinnen Kachelmanns wurden durch die manipulative Offenbarung seines Privatlebens und trotz mangelnder Relevanz zum Verfahren in das Blickfeld des öffentlichen Interesses geschoben, um eine übergeordnete Diskussion um zwischengeschlechtliche Moralvorstellungen und Machtgefälle entfachen zu können. Kachelmann war in erster Linie nicht mutmaßlicher Täter, sondern Opfer einer existenzvernichtenden medialen sowie öffentlichen Vorverurteilung, deren Inhalte dem Großteil der LeserInnen mehr im Gedächtnis verblieben als die letztendlich bewiesene Schuldunfähigkeit sowie die Tatsache der Falschbehauptungen von Claudia Dinkel.

Kachelmann beschrieb in einem nach seinem Freispruch veröffentlichten Interview, welche verheerenden Folgen die durch die mediale Berichterstattung verursachte öffentliche Vorverurteilung für ihn hatte. Er verlor nicht nur einen Großteil seines Bekanntenkreises sowie zahlreiche berufliche Perspektiven, da zahlreiche Menschen sich von ihm abgewandt und potenzielle ArbeitgeberInnen sich vor einer Einstellung scheuten, sondern litt auch unter posttraumatischen Symptomen wie starken Vermeidungsreaktionen und Ängsten vor Begegnungen mit Frauen, JournalistInnen und PolizistInnen (Crolly, 2011).

Der Fall Kachelmann zeigt auf, dass die Gefahr einer öffentlichen Vorverurteilung bei individualisierender Berichterstattung besonders hoch sein kann, wenn sich entsprechender, gegen Grundgesetze und Pressevorschriften verstoßender Techniken bedient wird. Die beiden Phänomene sind jedoch nicht als zwei zueinander laufende Knotenpunkte zu betrachten, sondern als ein Konstrukt, indem die Einflüsse bestimmter Präsentationsstile und Handlungen anderer AkteurInnen zusätzlich eine ausschlaggebende Rolle spielen.

Literaturverzeichnis

Arnold, Jörg. (2019). *Pranger 3.0. Wie moderne Medien den Rechtsstaat gefährden. Erfahrungen der Strafverteidigung und kritische Betrachtungen.* Berliner Wissenschafts-Verlag.

Boehme-Neßler, Volker. (2010). *Die Öffentlichkeit als Richter? Ligitation-PR als neue Methode der Rechtsfindung.* Nomos Verlagsgesellschaft.

von Coelln, Christian. (2005). *Zur Medienöffentlichkeit der Dritten Gewalt.* Mohr Siebeck.

Crolly, H. (10. Juni 2011). Kachelmanns bitterer Rückblick. *Welt.* https://www.welt.de/print/die_welt/vermischtes/article13422966/Kachelmanns-bitterer-Rueckblick.html.

Danziger, Christine. (2009). *Die Medialisierung des Strafprozesses.* Berliner Wissenschaftsverlag.

Daschmann, G. (2008). Der Preis der Prominenz. Medienpsychologische Überlegungen zu den Wirkungen von Medienberichterstattung auf die dargestellten Akteure. In T. Schierl (Hrsg.), *Prominenz in den Medien. Zur Genese und Verwertung von Prominenten in Sport, Wirtschaft und Kultur* (S. 184 – 211). Herbert von Halem.

Dulinski, Ulrike. (2003). *Sensationsjournalismus in Deutschland.* UVK.

Geisel, K. (1995). Die Schöne und das Biest – wie die Tagespresse über Vergewaltigung berichtet. In E. Klaus & J. Röser (Hrsg.), *Medien und Geschlechterforschung. Frauenforschung Interdisziplinär* (S. 82). LIT.

Gerhardt, R. (2010) Im Namen der Medien. Welchen Einfluss haben Rundfunk und Presse auf den Strafprozess. In V. Boehme-Neßler (Hrsg.), *Die Öffentlichkeit als Richter? Ligitation-PR als neue Methode der Rechtsfindung* (S.171 – 181). Nomos Verlagsgesellschaft.

Haeseler, W.T. (1981). Stigmatisierungsproblematik und Tätigkeit der Medien im Rahmen der Strafverfolgung und der Prozessberichterstattung. In W. T. Haeseler (Hrsg.), *Stigmatisierung durch Strafverfahren und Strafvollzug* (S. 129 – 159). Diessenhofen.

Hamm, Rainer. (2007). *Große Strafprozesse und die Macht der Medien.* Nomos Verlagsgesellschaft.

Haarmann, Wolf-Peter. (2012). *Die individualisierende Verdachtsberichterstattung gegen den Beschuldigten eines Strafverfahrens.* Sierke.

o.V. (02. Juni 2022). Heard: "Die Enttäuschung, die ich heute fühle, kann ich nicht in Worte fassen." *Süddeutsche Zeitung.* https://www.sueddeutsche.de/panorama/johnny-depp-amber-heard-urteil-1.5595964.

Hörisch, Jochen. (2007). *(Wie) Passen Medien Justiz und Massenmedien zusammen?* Wilhelm Fink.

Kachelmann, J., & Kachelmann, M. (2012). *Recht und Gerechtigkeit. Ein Märchen aus der Provinz.* Heine.

Knapp, U. (19. März 2011). Fall Kachelmann: Was bisher geschah. Wir haben die Glaubwürdigkeit der Aussagen vor Gericht auf den Prüfstand gestellt. Backnanger Kreiszeitung, S.9.

Kirchberg, Christian. (2016). *Öffentliches Medienrecht mit privatrechtlichen Bezügen: Ein Studienbuch in 12 Lektionen.* Nomos Verlagsgesellschaft.

Lehr, Gernot. (2001). *Bildberichterstattung der Medien über Strafverfahren.* NStZ.

Lendl, F. (2012). Persönlichkeitsschutz – straf- und medienrechtliche Aspekte. In W. Berka, C. Grabenwarter & M. Holoubek (Hrsg.), *Persönlichkeitsschutz in elektronischen Massenmedien* (S. 57 – 64). Manz.

Lottritz, K. (30. Mai 2022). Nach Trennung von Bibi und Julienco. Was wird aus dem Geschäftsmodell? *Süddeutsche Zeitung.* https://www.sueddeutsche.de/panorama/bibi-classen-julian-classen-bibisbeautypalace-influencer-trennung-geschaeftsmodell-1.5594183?reduced=true.

McChesney, Robert. (2004). *The Problem of the Media. U.S. Communication Politics in the Twenty-First-Century.* Monthly Review Press.

Meyer, T., Ontrup, R., & Schicha, C. (2000). *Die Inszenierung des Politischen. Zur Theatralität von Mediendiskursen.* VS Verlag für Sozialwissenschaften.

Polednik, M., & Rieppel, K. (2011). Gefallene Sterne. Aufstieg und Absturz in der Medienwelt. Klett-Cotta.

Presserat. (2022). Pressekodex. Ethische Standards für den Journalismus. Ziffer 1. https://www.presserat.de/pressekodex.html.

Rother, N. (2016). Vorverurteilung in Skandalen: Ursachen, Folgen und Gegenmaßnahmen. In M. Ludwig, T. Schierl & C. von Sikorski (Hrsg.), *Mediated Scandals. Gründe, Genese und Folgeeffekte von medialer Skandalberichterstattung* (S. 100 - 125). Herbert von Halem.

Schierl, Thomas. (2007). *Prominenz in den Medien. Zur Genese und Verwertung von Prominenten in Sport, Wirtschaft und Kultur.* Herbert von Halem.

Wagner, Joachim. (1987). *Strafprozessführung über Medien.* Nomos Verlagsgesellschaft.

Weigend, T. (2007). Strafjustiz und Medien. Nüchterne Gedanken zu einem emotionalen Verhältnis. In Strafverteidigervereinigung (Hrsg.), *Wieviel Sicherheit braucht die Freiheit?*

30. Strafverteidigertag Frankfurt/Main 24. – 26.03.2006 (S. 311). Organisationsbüro der Strafverteidigervereinigung.

Weimann, H., Leppert, N., & Höbermann, F. (2006). *Gerichtsreporter. Praxis der Berichterstattung*. ZV Zeitungs-Verlag Service GmbH.

Willems, H. (1998). Inszenierungsgesellschaft? Zum Theater als Modell, zur Theatralität und Praxis. In H. Willems & M. Jurga (Hrsg*.), Inszenierungsgesellschaft. Ein einführendes Handbuch* (S. 23). VS Verlag für Sozialwissenschaften.

Willenberg, Ullrich. (30. März 2011). Kampagne gegen Kachelmann? Verteidiger Schwenn: Hinter den Vergewaltigungsvorwürfen steckt ein Kollege des Wetterexperten. *Backanger Kreiszeitung*, S. 6.

Wippersberg, J. (2007). Prominenz. Entstehung, Erklärungen, Erwartungen. In W. Hömberg, H. Pürer & R. Blum (Hrsg.), *Forschungsfeld Kommunikation* (S. 129 - 140). UVK Verlagsgesellschaft mbH.